BEI GRIN MACHT SICH IHR WISSEN BEZAHLT

- Wir veröffentlichen Ihre Hausarbeit, Bachelor- und Masterarbeit

- Ihr eigenes eBook und Buch - weltweit in allen wichtigen Shops

- Verdienen Sie an jedem Verkauf

Jetzt bei www.GRIN.com hochladen und kostenlos publizieren

Christoph Schroeder

Geopolitik und Weltordnung

Heartland-Theorie

GRIN Verlag

Bibliografische Information der Deutschen Nationalbibliothek:

Die Deutsche Bibliothek verzeichnet diese Publikation in der Deutschen National-
bibliografie; detaillierte bibliografische Daten sind im Internet über http://dnb.d-
nb.de/ abrufbar.

Impressum:

Copyright © 2008 GRIN Verlag GmbH
Druck und Bindung: Books on Demand GmbH, Norderstedt Germany
ISBN: 978-3-640-25039-4

Dieses Buch bei GRIN:

http://www.grin.com/de/e-book/120487/geopolitik-und-weltordnung

GRIN - Your knowledge has value

Der GRIN Verlag publiziert seit 1998 wissenschaftliche Arbeiten von Studenten, Hochschullehrern und anderen Akademikern als eBook und gedrucktes Buch. Die Verlagswebsite www.grin.com ist die ideale Plattform zur Veröffentlichung von Hausarbeiten, Abschlussarbeiten, wissenschaftlichen Aufsätzen, Dissertationen und Fachbüchern.

Besuchen Sie uns im Internet:

http://www.grin.com/

http://www.facebook.com/grincom

http://www.twitter.com/grin_com

Universität Augsburg
Lehrstuhl für Humangeographie und Geoinformatik
Wintersemester 2008/ 09
PS: Humangeographie 1b (Modul HG 1)

Abgabetermin: 03. Dezember 2008

Geopolitik und Weltordnung: Heartland-Theorie

Christoph Schroeder
11. Hochschulsemester
Diplom-Politikwissenschaft

II Inhaltsverzeichnis

Anhang

III Literaturverzeichnis

IV Abkürzungsverzeichnis

1 Einleitung

„Unsere Sicherheit wird nicht nur, aber auch am Hindukusch verteidigt" (FAZ, 2004). Selten fasste jemand die Notwendigkeit sich den neuen geopolitischen Herausforderungen anzupassen so kurz und prägnant zusammen, wie der ehemalige deutsche Bundesminister für Verteidigung Peter Struck, SPD. Es ist kein Zufall, dass zum Einstieg in das Thema *„Geopolitik und Weltordnung: Die Heartland-Theorie"* ausgerechnet ein Verteidigungsminister zitiert wird, denn schließlich beschäftigte sich die Geopolitik anfangs mit militärstrategischen Überlegungen. Auch die Heartland-Theorie von Halford Mackinder, die in der vorliegenden Hausarbeit in einem gesonderten Kapitel näher erläutert wird, gehört zu den Schriften, die sich mit der Frage beschäftigen, inwieweit militärische Eingriffe einer Nation – in seinem Falle GB – strategisch klug, gar zwingend notwendig erscheinen.

Die Entwicklungen in den Internationalen Beziehungen führte jedoch dazu, dass der Begriff weiter gefasst werden muss. Er beinhaltet heutzutage zusätzlich Fragen der globalen Ökonomie, Ökologie und Kultur. Häufig kusieren im deutschen für »Geopolitik« synonyme Begriffe wie »Politische Geographie« oder »Kritische Geopolitik«. Daher kann im vorliegenden Text nicht darauf verzichtet werden zuerst auf die o. g. Begriffe einzugehen, bevor Mackinders Heartland-Theorie genauer beschrieben und ihre Relevanz als Analyseinstrument für das aktuelle außenpolitische Verhalten heutiger Weltmächte bestimmt werden kann.

Jedoch, zu allererst muss auf die heutige Weltordnung eingegangen werden in der IB stattfinden. Wie kam es zu dieser und wie unterscheidet sie sich von ihren Vorgängerinnen, von denen eine die Gedanken Mackinders geprägt haben? In der Schlussbetrachtung dieser Arbeit wird auf die Frage eingegangen inwiefern die Gedanken Mackinders innerhalb aktueller geopolitischer Überlegungen heute noch von Bedeutung sind.

2 Weltordnung

Wohl über kaum eine andere Tatsache als über die, dass der Fall der Berliner Mauer und das damit einhergehende Ende des real existierenden Sozialismus der wohl einschneidendste Eingriff in die bis dahin bestehende Weltordnung war, herrscht in den unterschiedlichen Wissenschaften, die sich mit Geopolitik beschäftigen, so viel Einigkeit. Viele sprachen damals von einer neuen Weltordnung. Doch was versteht man als Geograph unter den Begriff Weltordnung genau und wovon unterscheidet sich die alte von der neuen? Da der vorliegende Text mit den Begriffen alte und neue Weltordnung arbeitet ist eine vorherige Festlegung des Gebrauchs unumgänglich.

Das Lexikon der Geographie definiert Weltordnung als eine *„Bezeichnung für den Zustand relativer Stabilität im System internationaler Beziehungen"* (OßENBRÜGGE, 2002ᵦ, S. 21). Bis Ende der 1980er, Anfang der 1990er Jahre war *„ ..die Dualität zwischen der Ersten (marktwirtschaftlich verfasste, auf repräsentative Demokratie basierende Gesellschaftsordnungen) und der Zweiten Welt (planwirtschaftlich verfasste, auf sozialistischen Lenkungsprinzipien*

1

beruhende Gesellschaftsordnungen) strukturbildend für die Weltordnung" (EBD). Bemerkenswert an der Aussage ist, dass in dieser die bis 1990 andauernde Bi-Polarität als relativ stabilisierend bezeichnet wird. Tatsächlich sorgten die zwei Weltmächte USA und SU dafür, dass Konflikte jenseits der beiden Blöcke sich erst gar nicht genug entfalten konnten. Gerade die massive militärische Abrüstung seitens der UdSSR und die Transformation in weniger autokratisch, teilweise demokratisch geführte Staaten hatten zur Folge, dass früher weniger beachtete Konflikte immer mehr zur Geltung kamen.

Weitere Gründe hierfür liegen in der Internationalisierung ökonomischer, kultureller, gesellschaftlicher und politischer Prozesse, welche unter dem Schlagwort Globalisierung bekannt geworden sind sowie an der daraus folgenden Abschwächung der Nationalstaaten, dem gleichzeitigen Aufkommen und Erstarken internationaler Organisationen wie der UN, NATO oder von NROs bzw. INROs wie Greenpeace oder Attac (vgl. REUBER/ WOLKERSDORFER, 2002, S. 3ff.). Zuletzt darf der technologische Wandel nicht außer Acht gelassen werden, der eine Verbreitung der Massenmedien zu Folge hatte und gerade im Bereich des Agenda-Settings[1] finanzschwächeren internationalen Akteuren Möglichkeiten bot, die früher für sie als unerreichbar galten (vgl. WILLKE, 1996).

Die gerade genannten Tendenzen und Entwicklungen führten zu dem, was George Herbert Walker Bush, 41. Präsident der USA, einst eine neue Weltordnung nannte. Allerdings war er bei Weitem nicht der einzige und später instrumentalisierte er diesen Begriff, um damit die Intervention der US-Streitkräfte in den zweiten Krieg um den Golf zu rechtfertigen (vgl. CHOMSKY, 1997, S. 7). Schon Woodrow Wilson, 28. Präsident der USA, prägte diesen Begriff und beschrieb damit den Versuch, den Völkerbund als neue Weltregierung zu etablieren. Als alte Weltordnung bezeichnete er die Vorstellung vom System des Mächtegleichgewichts im 19. und Anfang des 20. Jahrhunderts (vgl. www.whitehouse.gov). Auch nach dem Ende des Zweiten Weltkrieges und dem Scheitern der kommunistischen Regime wurde der Begriff verwendet, um damit die jeweils entstandene machtpolitische Lücke zu füllen und v. a. die Neuverortung der Konflikte zu beschreiben. Zusätzlich verwenden Verschwörungstheoretiker diesen Begriff, um damit angebliche Strategien und Ziele von Geheimgesellschaften zu beschreiben, die die Weltherrschaft an sich reißen wollen.

Der vorliegende Text verwendet den Begriff alte Weltordnung, um damit ausschließlich den bipolaren Zustand zu Zeiten des Kalten Krieges zu beschreiben und den Begriff neue Weltordnung, um damit die o. g. Entwicklungen zu titulieren, die sich nach dem Fall des Eisernen Vorhangs ergaben.

---

[1] Der Begriff bezeichnet die Funktion der Massenmedien durch das Setzen konkreter Themenschwerpunkte und Einschätzungen in der öffentlichen Meinung die öffentliche Agenda (lat.: *zu tuende Dinge*) zu bestimmen (vgl. hierzu ausführlich HACHMEISTER 2008).

3 Geopolitik

Die Euphorie nach dem Ende des Ost-West-Konfliktes war groß, man kann sagen riesig. Menschen tanzten auf der Berliner Mauer, Massen feierten und Helmut Kohl sprach gar von blühenden Landschaften. Weshalb sollten da geopolitische Strategien noch eine Rolle spielen? Oder gar, war mit dem Ende des real existierenden Sozialismus auch die Ära der Geopolitik vorbei? Mit Nichten! Gerade der jüngste Konflikt um den Kaukasus 2008 und die zahlreichen gewalttätigen Auseinandersetzungen nach 1990 haben gezeigt, dass geopolitische Überlegungen notwendiger erscheinen denn je.

Weit mehr noch scheint es gar elementar, dass auf Grund der „ *..im Zuge des ‚postmodernen Bruches' erfolgte Pluralisierung der Paradigmenlandschaft …* " (WOLKERSDORFER, 2001, S. 80) das Denkspektrum für die Geopolitik erweitert werden muss, um *„mit Hilfe geopolitischer Denkraster das "Neue" in der sich ändernden Weltordnung…*" (OBENBRÜGGE, 1996, S. 1) erkennen und beschreiben zu können. Deshalb wird heute immer häufiger von einer Politischen Geographie oder Neuen Politischen Geographie als Kritische Geopolitik gesprochen (vgl. OBENBRÜGGE/ SANDER, 1994, S. 683). Im deutschsprachigen Raum kommt noch die besondere Problematik hinzu, dass auf Grund der nationalsozialistischen Instrumentalisierung dieses Begriffes, auf die u. a. Carl Troll hinwies (vgl. SPRENGEL 1994, S. 23), ein Zurückgreifen auf diesen Begriff *„… grundsätzlich problematisch, ja möglicherweise auch gefährlich ist…*" (OBENBRÜGGE, 1996, S. 1).

Wie man sieht, hat die Geopolitik schon eine Karriere hinter sich und wurde in der Geographie, den Wirtschafts- aber auch Politikwissenschaften und der Soziologie häufig verwendet. Daher soll im Folgenden ein „ *..kurzer Abriß der Geschichte der Geopolitik .. deutlich machen…*" (EBD.), inwiefern sich geopolitische Überlegungen im Vergleich zu Zeiten Mackinders gewandelt haben und inwieweit sie heute noch von Bedeutung sind.

3. 1 Klassische Geopolitik

Schon zu Zeiten Ratzels, Kjellén und Mackinders wurde Geopolitik häufig als „*…eine stringente ‚Schule' oder gar ein feststehendes Theoriekonzept…*" missverstanden „*…, welches an der Schnittstelle zwischen Politik und Geographie politische Probleme leichtfertig zu lösen vermag.*" (HELMIG, 2007, S. 31). Auch heute leiden noch viele unter dieser trügerischen Auffassung. Daher ist es wichtig zu verstehen, unter welchen Bedingungen und mit welchem geopolitischen Denken Mackinder seine Heartland-Theorie entworfen hatte.

3

Selbstverständlich gab es schon immer Bestrebungen bestimmte Regionen zu beherrschen, um damit gegenüber einer konkurrierenden Gemeinschaft einen geostrategischen Vorteil zu besitzen. Diese Vorteile konnten sich nicht nur ökonomisch, sondern auch machtpolitisch lohnen. „*Im Unterschied zu diesen bereits lang andauernden praktischen Formen versuchten Kjellén und etwa zeitgleich der Geograph Friedrich Ratzel einen wissenschaftlichen Erklärungszusammenhang aufzubauen, der zeigen sollte, wie Merkmale der Raumausstattung die Entwicklung von Staaten [und IB] beeinflussen. Lage, Größe, Oberflächenformen (Morphologie), Ressourcenausstattung und natürliche Grenzen wurden von ihnen als wichtige Bestimmungsgründe für ihre Sicht des Staates angesehen, den sie als bodenständigen Organismus interpretierten*" (OBENBRÜÜGGE1996, S. 2). Die Arbeiten des schwedischen Staatsrechtlers und des deutschen Geographen werden gemeinhin „*als Beginn der Begriffsgeschichte angesehen*" (EBD. S. 1) und legten somit die Grundsteine für eine weitere Entwicklung der Geopolitik im deutschen Sprachraum (vgl. DÜNNE/ GÜNZEL 2006). Insbesondere Karl Haushofer[2] griff nach dem Ersten Weltkrieg die organisch-geopolitischen Konzepte auf. Er übertrug sie allerdings auch auf die vermeintliche ‚Sonderstellung' des Deutschen Reiches (vgl. KORINMAN 1990).

Als kritisch werden die Arbeiten Ratzels, Mackinders, Kjellén u. a. Vertretern der klassischen Geopolitik nicht zuletzt deshalb betrachtet, weil damit für die politische Rechte der nötige wissenschaftliche Wortschatz geliefert wurde, um den Expansions- und Imperialismusdrang damaliger Weltmächte zu legitimieren. Aber auch deren traditionelle Raumkonzepte, welche auf Neutralität und Objektivität des Raumes Bezug nahmen, die Entwicklungen innerhalb der IB des 20. Jahrhunderts nicht ausreichend erklären konnten (vgl. HELMIG 2007, S. 32ff.). Daher haben sich in den 1970er Jahren v. a. im angloamerikanischen und französischen Raum alternative Ansätze entwickelt, die sich als Gegenvorschlag zu traditionellen Konzepten verstehen und bewusst mit einem realistischen Raumverständnis brechen (vgl. DODDS 1994, S. 193). Die Kritische Geopolitik! Im deutschsprachigen Raum hingegen wurden aufgrund der nationalsozialistischen Instrumentalisierung geopolitische Fragestellungen nach 1945 bis zum Ende des Kalten Krieges diese weitestgehend nicht oder nur spärlich thematisiert. Stattdessen trennte man sich von diesem, aus normativer Sicht vorbelasteten Begriff und wandte sich der sog. Politischen Geographie zu.

3. 2 Kritische Geopolitik

Die Kritische Geopolitik stellte nun die „*... geographische Repräsentationen in den Internationalen Beziehungen...*" (HELMIG 2007, S. 32) in den Mittelpunkt ihrer Analysen, wodurch die Geographie nicht mehr als endgültige Wahrheit, sondern als eine Form sozial produzierten Wissens gefasst wird (vgl. Ó TUATHAIL 1996, S. 59). Über die Sprache, die nicht mehr als ein auf äußere, objektive

---

[2] Karl Haushofer (1869 – 1946), Professor für Geographie in München versteckte nach dem missglückten Putsch 1923 Rudolf Hess bei sich und wurde zu seinem wissenschaftlichen Mentor. Über Hess flossen auf diese Art und Weise seine geopolitischen Ideen in Hitlers Vorstellungen ein (vgl. HIPLER 1996)

Wahrheit basierendes Element betrachtet wurde, sondern eher als etwas für den Aufbau einer Gesellschaft grundlegendes (vgl. Massey et. al. 1999).

Geopolitik war nicht mehr eine objektive Sache. Sie war vielmehr ein über Sprache hergestelltes gemeinsames gesellschaftliches Verständnis. Führende Vertreter dieser Interpretation von Geopolitik waren Michel Foucault, Jaques Derida oder Ferdinand de Saussure (vgl. HELMIG 2007, S. 34). Die Geopolitk verlor „... *ihren Status als Prophetin einer gleichsam naturgegebenen Wahrheit"* (LOSSAU 2001, S. 62).

Jedoch darf man die Kritische Geopolitik nicht als eine Wissenschaft ansehen, die sämtliche klassischen geopolitischen Argumente völlig von sich weist. Vielmehr versucht sie die Wirkungsweisen der klassischen Geopolitik zu verstehen, die durch Simplifizierungen und Kompläxitätsreduktionen bestimmte Politiken förderte bzw. behinderte (vgl. HELMIG 2007, S. 35). Am Beispiel der Heartland-Theorie von Sir Halford Mackinder wird im Folgendem ähnliches versucht. Zunächst stellt der Text die Theorie vor, um anschließend den Einfluss dieser Schrift auf heutiges geopolitisches Denken zu untersuchen. Abgeschlossen wird diese Untersuchung mit einer Überprüfung dieser Theorie auf die heutige Relevanz und mit der Frage, welche der beiden geopolitischen Ansätze eher dazu geeignet erscheinen, den komplexen Aufbau der neuen Weltordnung zu erklären.

4 Sir Halford John Mackinder – Leben und Werk

Sir Halford John Mackinder war ein britischer Geograph und Politiker des späten 19. und frühen 20. Jahrhunderts. Von 1895 – 1923 lehrte er in Oxford, Reading und an der LSE, deren Rektor er von 1903 – 1908 war. Er war der erste Rektor der Oxford School of Geography, die 1899 von der RGS eingerichtet wurde.

Mackinder vertrat, ähnlich wie sein Kollege Friedrich Ratzel und wie zuvor in dem vorliegenden Text beschrieben, die Auffassung, „... *dass das Handeln des Menschen in Abhängigkeit zum Raum stehe"* (SPIEKER 2002, S.350). Neben dem Raum war auch die Geschichte der entscheidende Faktor für die Ausbreitung der Völker und die Bildung von Nationalstaaten (vgl. EBD.), was auch die Wahl des Titels für seine Aufsehen erregende Rede von 1904[3] erklärt. Um die Kritik an Mackinders Veröffentlichungen, dass ihnen ein Rassismus inne wohne, zu verstehen, muss kurz erwähnt werden, dass die von ihm genutzte biologisch-sozialdarwinistische Argumentation typisch für die damalige Zeit war (vgl. EBD.). Aber auch seine von ihm offen bekannte Freundschaft zu deutschen Intellektuellen und die Tatsache, dass er fließend deutsch sprach, brachten ihn in den Verruf ein Sympathisant des Nazi-Regimes zu sein – obwohl für diese Unterstellung keinerlei Beweise zu finden sind.

Die von ihm maßgeblich beeinflusste großbritannische Geographie verstand er als eine Beschreibung zur erfolgreichen Ausbreitung des Empires, das seiner Meinung nach eine

---

[3] MACKINDER, HALFORD : The geographical Pivot of History. Rede vom 25. Januar 1904.

Verpflichtung zur Weltherrschaft besaß. In seiner Biographie finden sich auch eigene persönliche Erfahrungen, die den brisanten Inhalt seiner zahlreichen Publikationen und seinen Charakter erklären. So bestieg er 1899 als Erster den Mount Kenya und führte 1919 die weißrussischen Truppen in ihre Heimat zurück, wofür er ein Jahr später in den Adelsstand erhoben wurde. Außerdem vertrat er von 1918 – 1922 die Unionist Party[4] als Abgeordneter im britischen Parlament (vgl. EBD.).

4. 1 Die Heartland-Theorie

Die *Heartland-Theorie* wurde erstmals 1904 schriftlich in dem Aufsatz »The geographical Pivot of History« festgehalten. 1919 veröffentlichte Mackinder diesen Aufsatz wieder in seinem Buch »Democratic Ideals and Reality«. Aus dieser Version wird im vorliegenden Text zitiert. In diesem setzte sich der Autor mit der Bedeutung von Geographie, Industrialisierung, technologischer Evolution, Wirtschaft und Rohstoff- bzw. Bevölkerungsressourcen für eine vergleichende Bewertung von Land- und Seemacht auseinander. Die darin enthaltende Heartland-Theorie wurde von ihm als Warnung an seine Landsleute formuliert.

Anders als Mahan, der in seiner Schrift »Der Einfluß der Seemacht auf die Geschichte« die Theorie formulierte, dass die Macht eines Staates von seiner Dominanz über die Seewege herrührt (vgl. MAHAN 1967), behauptet Mackinder, dass in der Historie neben der See- auch die Landmacht entscheidend für die machtpolitische Positionierung eines Staates. Zwar bestreitet er nicht, dass England aufgrund seiner Kontrolle über die Weltmeere bis in das 20. Jahrhundert hinein die Position einer Hegemonialmacht inne hatte, die Welthandelsdominanz allerdings verlor sie aufgrund der Erfindung der Dampfmaschine und des Motors und der daraus folgenden Entwicklung eines flächendeckenden Verkehrsnetzes für die Eisenbahn an die Landmächte. *„In the matter of commerce ... the continental railway truck may run direct from the exporting factory into the importing warehouse."* (MACKINDER 1919, S. 189).

Außerdem habe sich im Verlauf der Geschichte schon häufig gezeigt, dass eine starke Landmacht eine Seemacht bezwingen könne. So z. B. der amerikanische Unabhängigkeitskrieg, den die britische Seemacht bekanntlich verlor. *„... the idea of the United States was accepted, and local colonial patriotism sunk, only in the long War of Independence..."* (EBD., S. 177). Sein Fazit: die machtpolitische Stellung des britischen Weltreiches ist im Vergleich zu anderen Nationen zwar immer noch bedeutend, der Abstand ist jedoch deutlich geringer (vgl. EBD., S. 188ff.).

---

[4] Die Unionist Party war eine protestantische Partei in Nordirland. Sie wurde 1905 gegründet und vertrat die Einheit Irlands mit Großbritannien. Lange Zeit war sie die wichtigste protestantische Partei des Landes. Sie existiert heute unter dem Namen Ulster Unionist Party und stellt einen Abgeordneten im Europäischen Parlament (vgl. www.uup.org/about-the-uup/history, zuletzt abgerufen am 02.12.2008 um 18:18 Uhr).

Aus diesen Überlegungen heraus entwickelte Mackinder ein neues „Herzland", dass er in Westsibirien und im europäischen Russland verortete (vgl. EBD., S. 185), da für dort zu dieser Zeit eine entsprechende Verkehrswegeinfrastruktur geplant wurde, aus dieser sich im Anschluss eine entsprechende Durchschlagskraft entwickeln sollte. „… *railways are now transmuting the conditions of land-power, and nowhere can they have such effect as in the closed heart-land of Euro-Asia* "(EBD., S. 189).

So könne es dem vom damaligen russischen Zar Nikolaus II. regierten Staat gelingen, gegenüber seinen europäischen Nachbarn eine größere Macht auszuüben, um sie in ein Bündnis mit seinem Reich zu zwingen. „*In the world at large she* [Russia] *occupies the central strategical position held by Germany in Europe*" (EBD., S. 191).

Einem derart mächtigen Staat(-enbündnis) könne es gelingen die Herrschaft über eine sog. „Weltinsel" zu erlangen. Unter diesem Begriff verstand er Eurasien zusammen mit Afrika. Die Herrschaft über dieses Gesamtgebiet, welches über enorme Bevölkerungs- und Rohstoffvorkommen verfügt, würde folglich die Beherrschung über die kontinentalen „Ränder" und somit auch über die USA, Australien und GB bedeuten (vgl. EBD., S. 188).

Aus diesen Überlegungen heraus schlussfolgert Mackinder, dass die Seemächte dank des Ersten Weltkrieges nur knapp dieser Gefahr entronnen seien. Er warnte seine Landsleute und die Amerikaner davor, dass diese Gefahr nicht für alle Zeiten gebannt sei.

4. 2 Bedeutung der Heartland-Theorie für die Geopolitik. Damals und heute

Obwohl Mackinder in seinem Aufsatz den Begriff Geopolitik nicht ausdrücklich erwähnte, wird das Werk dennoch als Meilenstein in der Geschichte der Geopolitik verstanden (vgl. Ó TUATHAIL 1996, S. 25). U. a deshalb, weil Mackinder darin einen Wandel der Geographie hin zu einer erklärenden Wissenschaft forderte, dezidierte Politikberatung inklusive. So wurde die Geopolitik zu einem Instrument mit dessen Hilfe man die Welt und v. a. „*… die Wiederholung bestimmter Ordnungsvorstellungen…*" (HELMIG 2007, S. 36) beschreiben konnte.

Auch heute noch finden akademische Schriften Eingang in wissenschaftliche und alltägliche Diskurse. Ein Beispiel hierfür stellt die viel beachtete und kritisierte Schrift von Samuel P. Huntington dar. Mit »The Clash of Civilizations and the Remarking of World Order« schließt er sich der klassischen geopolitischen Denkweise an, die in Kapitel 3. 1 ausführlich beschrieben wurde. Ähnlich wie Mackinder in seiner Heartland-Theorie konstruiert er ein „Wir" gegen „Sie", ein „Innen" gegen „Außen" ein „the West against the Rest" (vgl. REUBER/ WOLKERSDORFER 2002, S. 24ff.). Kritiker Huntingtons werfen ihm vor, dass er die verlockende Einfachheit geographischer Konfliktverortungen nutzt, um scheinbare Ordnung in das Chaos zu bringen. Ähnlich wie Mackinder wird er für die subtile Konstruktion und die einladende Schlichtheit der Erklärungen kritisiert, die Eingang in die Alltagssprache und deren alltägliches Handeln finden können (vgl. HELMIG 2007 S. 36 f).

Was Mackinders Beschreibung über den Kampf um das „Herzland" angeht, scheint dieser heute genauso aktuell zu sein wie damals. Politische Konflikte um ökologische Ressourcen stoßen durchaus auf vitales Interesse, auch innerhalb der modernen Kritischen Geopolitik bzw. Politischen Geographie. Dabei stehen v. a. die gewählten Strategien der beteiligten Akteure im Vordergrund mit deren Hilfe sie eigene Interessen oder auch Protest artikulieren und durchsetzen wollen (vgl. ALBERT et al. 2003, S. 524). Aber auch politische Konflikte um raumbezogene Identitäten werden mit den Ansätzen Mackinders versucht zu erklären.

Erst vor kurzem, im September 2008, bot der Hessische Rundfunk mehreren Wissenschaftlern ein Forum, in welchem sie versucht haben, die Hintergründe des Georgienkonflikts 2008 auch anhand der Theorien Mackinders zu beschreiben und zu erklären (vgl. hr2 Der Tag vom 16.09.2008). Darüber hinaus empfahl Paul Kennedy[5], anlässlich des 100. Jahrestages von »The geographical Pivot of History« in einem Kommentar für den Guardian Amerika demokratische Ideale mit geopolitischer Weisheit zu kombinieren (vgl. www.guardian.co.uk).

Offensichtlich hallen Mackinders Worte und die Ansätze der Klassischen Geopolitik bis ins Hier und Heute wider. Inwiefern eignen sich diese noch, um die komplexen Strukturen und Prozesse zu erklären, die in der heutigen Weltordnung vor sich gehen? Wie sieht die nahe Zukunft der Geopolitik aus?

5 Zusammenfassung

Ein großes Manko der Klassischen Geopolitik bleibt ihr Verständnis von Raum (s. Kap. 3. 1). Diesem Verständnis wohnt der Fehler inne, sich auf naturgegebene Faktoren zu berufen und sich damit einem geodeterministischem Fatalismus zu ergeben (vgl. HELMIG 2007, S. 37).

Zudem werden aktuelle Gesichtspunkte geopolitischer Fragen, wie etwa die Rolle neuer sozialer Bewegungen bzw. die Wirkung transnationaler Akteure auf Prozesse der Globalisierung, gar nicht berücksichtigt (vgl. REUBER/ WOLKERSDORFER 2002, S. 3ff.). Was allerdings auch daran liegt, dass diese Akteure zu Zeiten Mackinders gar nicht bzw. nur marginal vorhanden waren.

Darüber hinaus hat sich die Bandbreite geopolitischer Fragestellungen, der erhöhten Komplexität der Struktur der IB entsprechend, erweitert. In der Weltordnung von heute sind neben militärstrategischen auch umweltbedingte und ökonomische Fragestellungen von elementarer Bedeutung. Z. B. erhielten in den letzten Jahren Persönlichkeiten wie Al Gore, Institutionen wie der Weltklimarat und Wirtschaftswissenschaftler wie Muhammad Yunus den sog. Friedensnobelpreis.

---

[5] Dilworth professor of history and director of international security studies at Yale University. Quelle: www.guardian.co.uk.

M. a. W.: die Geopolitik Mackinders kann dem erweiterten Friedensbegriff keine Rechnung tragen. Aus militärstrategischer Perspektive beantwortet sie auch heute noch interessante Fragen, was die Handlungsmotivation internationaler Akteure betrifft. Sie kann jedoch keine Antwort darauf geben, wie ein langfristiger bzw. nachhaltiger Zustand von Sicherheit und Frieden gewährleistet werden kann.

Unter dem Gesichtspunkt, dass viele Kritiker Mackinder vorgeworfen haben er orientiere sich zu nah am Raum, viel folgendes Zitat auf, welches auch als Schlusswort für die vorliegende Hausarbeit dient:

> *„I have spoken as a geographer. The actual balance of political power at any given time is, of course, the product, on the one hand, of geographical conditions, both economic and strategic, and, on the other hand, of the relative number, virility, equipment, and organization of the competing peoples."*

(Mackinder 1919, S.192).

I Literaturverzeichnis

Monographien

- CHOMSKY, NOAN (1997): World Orders, Old and New. Pluto Press.
- HACHMEISTER, LUTZ (2008): Grundlagen der Medienpolitik. Lizensausgabe für die Bundeszentrale für politische Bildung. Bonn.
- HIPLER, JOCHEN (1996): Hitlers Lehrmeister: Karl Haushofer als Vater der NS-Ideologie. St. Ottilien.
- HUNTINGTON, SAMUAL P. (1996): The Clash of Civilizations and the Remarking of World Order. New York.
- KJELLEN, RUDOLF (1917): Der Staat als Lebensform.
- KORIMAN, MICHEL (1996): Quand l'Allemagne pensait le monde. Paris.
- LACOSTE, YVES (1990): Geographie und politisches Handeln. Perspektiven einer neuen Geopolitik. Berlin.
- LOSSAU, JULIA (2001): Die Politik der Verortung: Eine postkoloniale Reise zu einer anderen Geographie der Welt. Heidelberg.
- MACKINDER, HALFORD (1919): The Geographical Pivot of History. In MACKINDER, HALFORD (1919): Democratic Ideals and Reality. PP. 175 – 190.
- MAHAN, ALFRED THAYER (1967): Der Einfluß der Seemacht auf die Geschichte, Herford.
- Ó TUATHAIL, GEARÓID (1996): Critical Geopolitics. The Politics of Writing Space. Minneapolis. 1996.
- SPRENGEL, RAINER (1994): Kritik der Geopolitik. Ein deutscher Diskurs. Akademischer Verlag. Hannover.
- WOLKERSDORFER, GÜNTER (2001): Geopolitik und Politische Geographie zwischen Moderne und Postmoderne. Geographisches Institut der Universität Heidelberg.

Sammelbände

- ALBERT, MATHIAS/ REUBER, PAUL, WOLKERSDORFER, GÜNTER (2003): Kritische Geopolitik. In: SCHIEDER, SIEGFRIED/ SPINDLER (2003): Theorien der Internationalen Beziehung. UTB Verlag. Opladen.
- MASSEY, DOREEN/ ALLEN, JOHN/ SARRE, PHILLIP (1999): Human Geography Today. Cambridge.
- REUBER, PAUL/ WOLKERSDORFER, GÜNTER (HRSG.) (2002): Politische Geographie - Handlungsorientierte Ansätze und Critical Geopolitics. Heidelberg. Spektrum.

Zeitschriftenaufsätze

- DODDS, KLAUS (1994): Geopolitics and Foreign Policy: Recent Developments in Anglo-American Political Geography and International Relations. In: Progress in Human Geography, 18.
- HELMIG, JAN (2007): Geopolitik – Annäherung an ein schwieriges Konzept. Aus Politik und Zeitgeschichte. 20 – 21. S. 31 – 37.
- OßENBRÜGGE, J. (1993): Kritik der Geopolitik und Alternativen. Geographische Zeitschrift, 81, H. 9, S. 253-255.
- OßENBRÜGGE, J.; SANDNER, G. (1994): Zum Status der Politischen Geographie in einer unübersichtlichen Welt. Geographische Rundschau, 46, H. 12, S. 676-684.
- VENIER, PASCAL (2004): The geographical pivot of history and early twentieth century geopolitical culture. The Geographical Journal. Vol. 170, No. 4. S. 330 – 336.
- WILLKE, JÜRGEN (1996): Internationalisierung der Massenmedien. Auswirkungen auf die internationale Politik, in: Internationale Politik, 11/ 1996, S. 3 – 10.

Lexikonartikel

- OßENBRÜGGE, JÜRGEN (2002): Geopolitik. In: BRUNOTTE, ERNST/ GEBHARDT, HANS/ MEURER, MANFRED/ MEUSBURGER, PETER/ NIPPER, JOSEF (HRSG.) Lexikon der Geographie. Bd. 2. Spektrum Akademischer Verlag GmbH Heidelberg Berlin. S. 30f.
- OßENBRÜGGE, JÜRGEN (2002$_a$): Politische Geographie. In: BRUNOTTE, ERNST/ GEBHARDT, HANS/ MEURER, MANFRED/ MEUSBURGER, PETER/ NIPPER, JOSEF (HRSG.) Lexikon der Geographie. Bd. 3. Spektrum Akademischer Verlag GmbH Heidelberg Berlin. S. 64.
- OßENBRÜGGE, JÜRGEN (2002$_b$): Weltordnung. In: BRUNOTTE, ERNST/ GEBHARDT, HANS/ MEURER, MANFRED/ MEUSBURGER, PETER/ NIPPER, JOSEF (HRSG.) Lexikon der Geographie. Bd. 4. Spektrum Akademischer Verlag GmbH Heidelberg Berlin. S. 21f.
- SPIEKER, CHRISTOPH (2002): Mackinder. In: BRUNOTTE, ERNST/ GEBHARDT, HANS/ MEURER, MANFRED/ MEUSBURGER, PETER/ NIPPER, JOSEF (HRSG.) Lexikon der Geographie. Bd. 2. Spektrum Akademischer Verlag GmbH Heidelberg Berlin. S. 350.

Internetquellen

- DER ARBEITSKREIS POLITISCHE GEOGRAPHIE: http://politische-geographie.de/Willkommen.htm, zuletzt abgerufen am 05.11.2008 um 18 :20 Uhr.
- FAZ (2004): Bundeswehr. Die größte Friedensbewegung Deutschlands. Text mit Material der AFP, ddp und dpa. http://www.faz.net/s/Rub594835B672714A1DB1A121534F010EE1/Doc~E9951C9028BFE49409A8 C967522853C50~ATpl~Ecommon~Scontent.html, zuletzt abgerufen am 11.11.2008 um 23 :10 Uhr.
- HESSISCHER RUNDFUNK : hr2 Der Tag. Der kaukasische Krisenkreis: Die Rückkehr der Geopolitik. http://www.ardmediathek.de/ard/servlet/content/934860, zuletzt abgerufen am 03.12.2008 um 01 :14 Uhr.
- KENNEDY, PAUL (2004) : The Pivot of History. The US needs to blend democratic ideals with geopolitical wisdom. http://www.guardian.co.uk/world/2004/jun/19/usa.comment, zuletzt abgerufen am 03.12.2008 um 01 :44 Uhr.
- OßENBRÜGGE, JÜRGEN (1996): Die neue Geopolitik und ihre Raumordnung. http://www.geowiss.unihamburg.de/igeogr/personal/ossenbruegge/polgeo/geopolitik_aktuell, zuletzt abgerufen am 01.11.2008 um 22:34 Uhr.
- REUBER, PAUL/ WOLKERSDORFER, GÜNTER: Ein Zentrum für die Politische Geographie in Münster. Macht, Politik und Raum. http://politischegeographie.de/Docs/PolGeoForschungsjournal.pdf, zuletzt abgerufen am 05.11.2008 um 18:16 Uhr.
- The White House : http://www.whitehouse.gov/history/presidents/ww28.html, zuletzt abgerufen am 14.11.2008 um 19 :31 Uhr.

II Abkürzungsverzeichnis

FAZ	Frankfurter Allgemeine Zeitung
SPD	Sozialdemokratische Partei Deutschlands
GB	Großbritannien
IB	Internationale Beziehungen
USA	United States of America
SU	Sowjetunion
UdSSR	Union der Sozialistischen Sowjetrepubliken
UN	United Nations
NATO	North Atlantic Treaty Organization
NRO	Nichtregierungsorganisationen
INRO	Internationale Nichtregierungsorganisationen
VB	Völkerbund
LSE	London School of Economics
RGS	Royal Geographical Society